NAVER 천재교육 에 들어오시면
다양한 이벤트 및 정보를 보실 수 있습니다.
KB264144
스토리텔링 영역별 학습 만화 도형·측정 편
수학 삼국지 10
관도대전의 서막
글·그림 분홍돌고래·이대종

등장 인물

천방지축 수학천재 치우

국제 올림피아드를 치르기 위해 영국으로 가던 도중 비행기 추락으로 성하, 도해와 함께 삼국지 시대로 빨려들어가 유비 진영에 떨어짐. 수학을 이용하여 유비를 도와줌.
능력치가 나타날 때 人(사람 인)자가 생김.
상징 동물은 호랑이.

자아도취 꽃미남 도해

늘 1등만 하는 수학 천재에 잘생기기까지 해서 모든 이에게 부러움과 사랑을 한몸에 받는 잘난척 대마왕.
치우, 성하와 함께 삼국지 시대로 빨려들어가 악의 화신 동탁 진영으로 떨어져 신선 흉내를 내고 있음. 동탁이 여포에게 죽임을 당한 후 여포 편이 됨.
능력치가 나타날 때 天(하늘 천)자가 생김.
상징 동물은 용.

최강의 형님 바보 관우

무예와 힘이 뛰어나 혼자 능히 만 명을 상대할 만하다는 평을 받는 장수.

천하제일 소심남 유비

황제의 숙부로 다소 우유부단 하지만 부족한 지성을 후덕함으로 극복함.

파워불도저 장비

관우가 자신과 대적할 유일한 인물이라고 평가할 정도로 뛰어난 장수.

팔방미인 엄친딸 성하

톱 여배우의 딸로 예쁘고 수학천재지만 진정한 친구를 사귀고 싶은 외톨이. 치우, 도해와 함께 삼국지 시대로 빨려 들어가 조조 진영에 떨어져 조조를 도와줌.
능력치가 나타날 때 地(땅 지)자가 생김.
상징 동물은 봉황.

난세의 간웅 조조

처세술이 뛰어나고, 난세의 간웅이라고 할 정도로 재주가 출중하고 꾀가 많음. 조조의 자는 맹덕이다.

* 난세 : 전쟁이나 무질서한 정치 따위로 어지러워 살기 힘든 세상.
* 간웅 : 간사한 꾀가 많은 영웅.
* 자(字) : 본 이름 외에 부르는 이름. 예전에, 이름을 소중히 여겨 함부로 부르지 않았던 관습이 있어서 본 이름 대신으로 불렀다.

절세미인 초선

초선의 아름다움에 달도 부끄러워 구름 뒤로 숨을 정도의 미모를 가졌다. 황궁에 들어오자마자 동탁의 이쁨을 받았으며 후에 여포와 사랑에 빠진다.

정현

후한 말기의 대표적인 유학자로 조정에서 내리는 벼슬도 거절하고 오로지 학문을 닦는다. 이후 위기에 처한 유비가 찾아가자 도움을 준다.

안량

원소군의 장군으로 문추와 더불어 삼군을 이끌만한 장수라는 칭찬과 그저 평범한 사람의 용맹을 지닌 장수라는 두 가지 평가를 동시에 듣는다.

문추

원소 군의 장군으로 용감무쌍하고 싸움을 잘해 안량과 나란히 이름을 날린다.

원술의 죽음

여포가 하비성에서 조조에게 포위 당하자 원술은 직접 기병 1천 기를 이끌고 여포를 구하려 했지만, 오히려 조조의 반격을 받아 패배하고 만다. 이후 다시는 여포를 구하기 위해 출전하지 못했을 정도로 이 싸움에서 원술이 입은 피해는 컸다. 결국 여포가 붙잡혀 처형되고, 이에 원술은 자신이 처한 상황에 비관한 나머지 오히려 사치와 포악함이 더욱 심해졌다. 원술은 첩 수백 명을 모두 비단으로 치장시키고 창고엔 쌀과 고기가 썩을 정도로 남아돌았으나 잔인하고 가혹한 정치에 시달린 백성들은 고향을 등지고 달아났고 남은 백성들은 배고픔에 시달리다 못해 서로 잡아먹을 지경이었다. 백성이 남아나질 않으니 세금을 걷을 수가 없었고 결국 물자가 바닥나자 군사들은 추위와 굶주림에 시달려 그토록 의지하던 군사력조차 차츰 약해져 갔다.

먹을 것이 떨어지자 더 이상 관료와 병사들을 유지할 능력이 없어진 원술은 궁여지책으로 궁궐을 불사른 뒤 남은 무리를 이끌고 첨산에 주둔하고 있던 부장 뇌박과 진란에게 의지하려고 했으나 그들에게 거절당한다. 의지할 곳이 없어진 원술은 원소에게 도움을 청하고 원소는 조카 원담을 보내 원술을 맞이하려 하였지만, 조조가 보낸 유비에 의해 이마저 저지당한다.

다시 돌아가려던 원술은 병이 났지만 그토록 먹고 싶던 꿀물 한 잔도 구하지 못하고 결국 길거리에서 죽고 말았다.

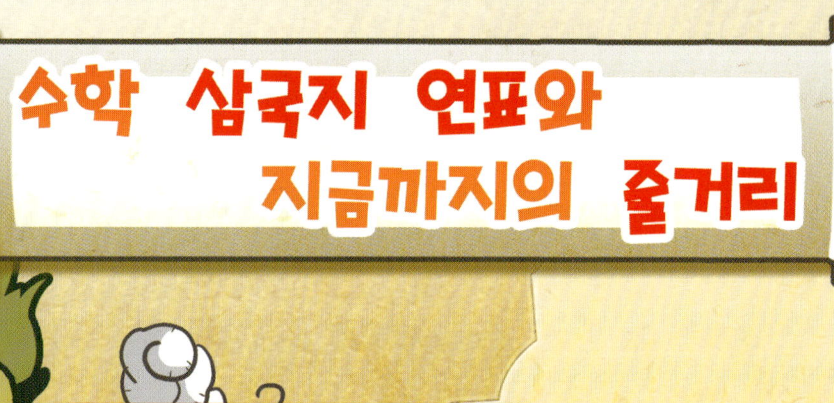

192년
- 왕윤이 초선을 보내 동탁 암살을 시도하지만 실패.
- 여포가 동탁을 살해한 뒤 관동으로 도주.
- 이각, 곽사가 왕윤을 죽이고 장안을 장악(이각과 곽사의 난)

193년 ~195년
- 손책이 손견의 뒤를 이어 강동을 토벌.
- 여포가 조조와 전투하지만 크게 패하고 도망침.
- 헌제의 장안 탈출.

196년
- 조조가 낙양에 있던 천자(헌제)를 옹립하여 허창으로 천도.
- 원소가 공손찬을 멸망시킴.
- 유비가 도겸의 뒤를 이어 서주의 목이 되지만 여포에게 빼앗김.

197년
- 원술이 스스로를 황제라 칭함.

198년
- 서주 공방전. 여포와 유비의 소패 전투
- 유비, 조조 연합군 소패, 소관, 서주 함락.
- 유비, 조조 연합군과 여포군의 하비성 전투
- 여포의 죽음.

199년
- 유비, 조조의 장군 주령과 원술을 토벌
- 원술 사망
- 유비, 서주 자사 차주를 제거 후 서주 점령

유주 (평원현)
탁현
병주
광종
서량
연주
서주
허창
여양
장안
형주
교주

지금까지의 줄거리

한나라 말 황건적의 난이 일어나고 황제인 영제가 죽고 헌제가 황위에 오르면서 동탁이 실권을 잡게 된다. 하지만 동탁은 폭군이 되고 최고의 무장 여포를 중심으로 제후들을 압박하자, 조조에 의해 천하로 흩어져 있던 세력들이 반동탁 연맹을 맺는다. 결국 동탁은 이숙이라는 무장이 초선이라는 절세 미녀를 이용해 꾸민 계략에 빠져 죽게 된다. 반동탁 연맹을 거치면서 세력이 커진 원소와 공손찬은 하북을 두고 서로 다투게 되고, 동탁과의 싸움에서 아버지 손견을 잃은 손책은 강동으로 들어가 복수를 다짐한다. 원술 또한 회남 지역을 제패하고 힘을 얻게 된다. 이후 원술은 성이라는 국가를 세워 직접 황제가 되고, 조조도 원소로부터 독립하고, 유비 또한 소패성을 얻게 된다. 이 삼국지 역사에 휘말린 치우, 성하, 도해는 각각 치우는 유비편에 성하는 조조와 도해는 여포편에 서서 도움을 준다. 그리고 도해가 돕고 있는 여포를 제거하기 위해 여러 제후들이 모여드는데…

차례

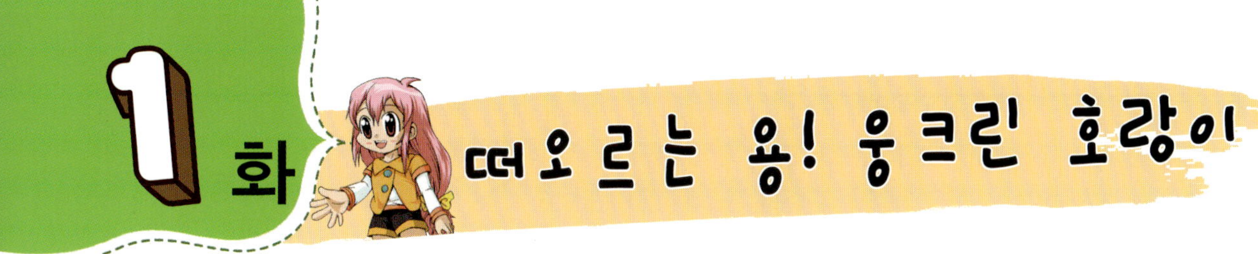

1화
떠오르는 용! 웅크린 호랑이

원소
조조

제 주인을
버리고
배신을 하다니!
그러고도
네가
장수냐?!!
고순
으흭!
후성
모두들
멈춰!

옛?!
... 여포님

저길 보거라.
승패는 이미
결정났다.
흰색 깃발...

나...
나를 잡아
가거라.
초.. 초선과 신선님은
다치지 않게
해다오...

여포님...

* 애석 : 슬프고 아까움.

하하
그건 안되지.
그대는 범같은
자인데 어찌 밧줄을
느슨히 하겠소?

조조!
나..나의 용맹이
필요하지 않은가?
살려만 준다면
그대에게..
하..항복한다!

흠... 하긴 여포같은
장수가 내 부하라면
든든하겠군.
어떡할까
…?

유비공.
어떡할까요?
…

조조님.
동탁이 어떻게 죽었는지
잊으셨습니까?

세상을 떨게 만든 힘과 무용의 여포는 지나친 욕심과 충신들의 말을 멀리 한 결과 형장의 이슬로 사라졌다.

조조는 지혜가 뛰어난 진궁을 살려주려 했으나 진궁은 여포를 주군으로 둔 이상 배신하지 않겠다며 함께 처형당했다.

초선과 도해는 감시병이 한눈을 팔 때 탈출하여 아무도 모르는 곳으로 몸을 피했고

조조는 서주 지방을 평정하여 세력을 넓힘과 동시에 민심을 수습하여 그 이름을 높였다.

조조

성하

중국 양자강

그로부터 |년 뒤…

와아!
저기 노루가 있다!
폐하 쪽으로 몰아라!
와아아
이럇!

조조님!
그쪽으로 갔어요!
지금이에요!

폐하! 노루가
오고 있습니다.
응!

핑

툭ー!

허허. 짐에게
오늘은 운이 안따르
는 구료. 승상이
해 보세요.

* 명중 : 화살이나 총알 따위가 겨냥한 곳에 바로 맞음.

허허.
내가 쓴 것이
아닌데...
황제폐하
...
...?!
맙소사!
조조님이
황제폐하께서
받을 환호를
저렇게 보란듯
이 받다니!
슉-
참아라..
관우!
저... 조조 놈이
감히 신하로서
상상도
못할 짓을!!

말리지 마십쇼.
저 역적보다
못한 자를 지금
죽이지 않는다면
나중에 후회할
것입니다.
부들부들
참으시게.
천자께서 가까이
계시네. 위험해.

핫핫하

허창의 황궁

찰랑
찰랑
하압!
치우
방년 16세

휘이잉
치우야 뭐해?
필살 검 스페셜을 연습 중임~
컵의 물을 쏟으면 안되...
앗― 차거!
성하
치우야. 너의 엉뚱함은 여전하구나. 이곳 중국 삼국시대로 온 지도 벌써 삼 년이 지난 건 알고 있니?
무..물론 알고 있지.
아유 아빠~

우리는
정말 현재로
돌아갈 수
있을까?

...

수학을
정복하는 자가
천하를
얻으리라...

유비님을 도와 천하를 제패하고
수학을 정복하면 돌아갈 수 있지
않을까?

성하.
그러는 너는
조조님을 떠나
현실로 돌아가도
괜찮아?

성하.. 너..
조조님
사모하지?

아냐!
아니라구!

그..그냥
나도 조조님을
도와 천하를
제패하고 현실로
돌아가..

성하!

딸꾹!

어디 있었어?
여기저기
찾았었는데...

심

쿵

성하,
네가 준 설계도에
선분, 직선,
반직선이라고
쓰여 있던데
그게 뭐지?
뻐용~

그..그건
두 점을 곧게 이은 선을 선분이라
하고, 양쪽으로 끝없이 늘인 곧은
선을 직선이라 하지요. 또한 한 점에서
한쪽으로만 끝없이 늘인 곧은 선을
반직선이라고 한답니다.

선분
두 점을 곧게 이은 선.

직선
양쪽으로 끝없이 늘인 곧은 선.

반직선
한 점에서 한쪽으로만 끝없이 늘인
곧은 선.

크크크
수학 천재
성하가 수학 설명을
하면서 말은 왜
더듬으실까?
시끄럿!
이 말썽쟁이!

어쨌든
고맙다. 역시
성하밖에 없구나!
저기...
조조님.
응?

조조님의 위세가
높아진 만큼
조심하세요.
주변에 적이 많아
집니다.

하핫!
걱정말거라.
이 세상에서 나와
대등하게 겨룰 자는
아무도 없단다.
누가
승상에게
대적
하겠느냐.

가만... 내가 만만치 않다고 생각하는 사람이 딱 한 명 있지.
네?
하하하핫! 걱정말아라. 그 자는 내가 곁에 두고 감시하고 있으니!
누구지?!

* **업신여기다** : 교만한 마음에서 남을 낮추어 보거나 하찮게 여기다.

* **소일거리** : 그럭저럭 세월을 보내기 위하여 심심풀이로 하는 일.

* 알현 : 지체가 높고 귀한 사람을 찾아가 뵘.

* 짐 : 왕이 자기 자신을 칭하는 말.

돌발 퀴즈　정답은 34쪽에

두 점을 곧게 이은 선을 □ 이라 하고, 양쪽으로 끝없이 늘인 곧은 선을 □ 이라 한다.

유비공... 요즘 큰일을 꾸미신다구요? 소문이 자자하더군요.
크..큰일이라니요. 제가 무슨...

농사를 지으신다구요! 핫하하하! 똥거름도 직접 뿌리신다면서요!
...
핫하하하
부럽소이다, 유비공. 나는 나랏일에 바빠서 그런 큰일을 할 수가 없구료!

하하! 유황숙이 농사라니!!
저벅
저벅

승상! 유비란 자는 소문과는 달리 겁쟁이에 소인배 같습니다.
흥.
과연 그럴까? 세상 모든 사람들은 속여도 나 조조의 눈은 못 속인다. 아직 더 두고 봐야 해.

32쪽 정답 선분, 직선

* 난형난제 : 형제의 우열을 가릴 수 없다는 뜻.

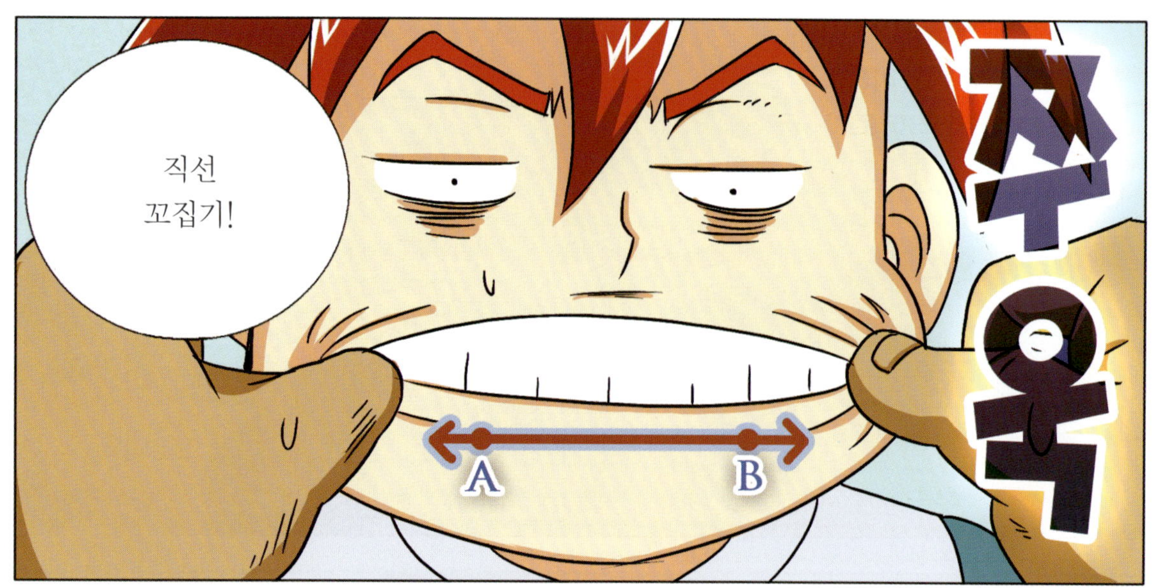

직선
꼬집기!
쭈옥

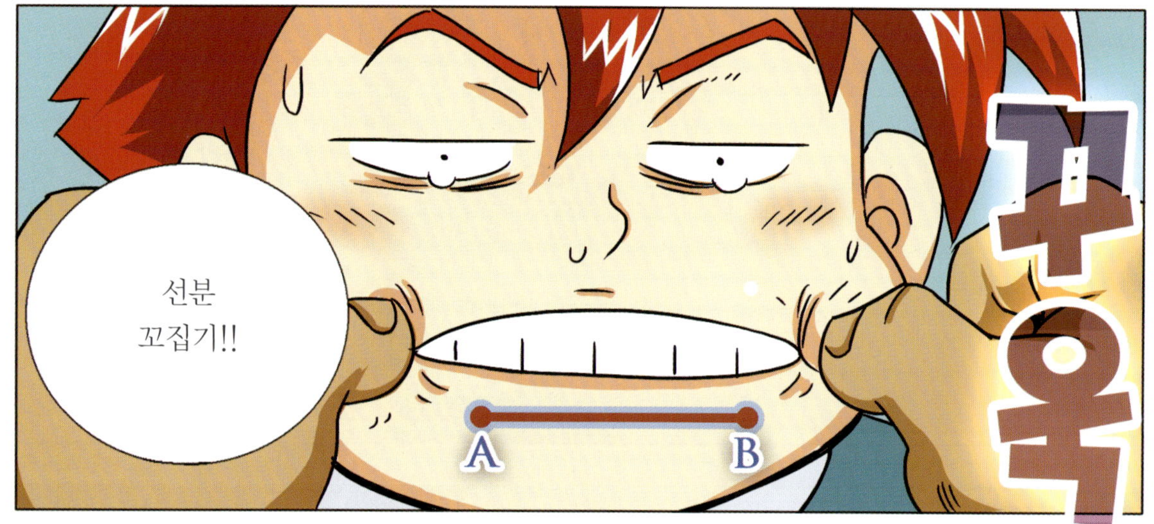

선분
꼬집기!!
꾸옥

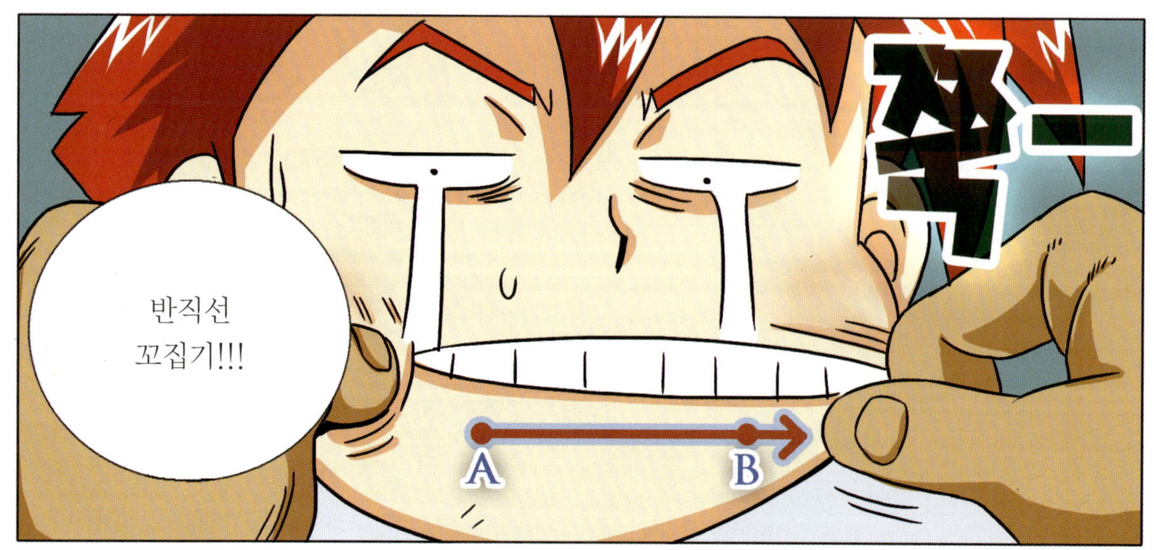

반직선
꼬집기!!!
쫙一

* 겸양 : 겸손한 태도로 남에게 양보하거나 사양함.

* 탄원 : 사정을 하소연하여 도와주기를 간절히 바람.
* 나래 : 날개

콰
릉
조조!
무서운 자!!
깜짝

훗!
정곡을 찔린
...
아직 나에
비하면 멀었다.

승상!
속보이옵니다!
잠깐
실례.
하후돈!
무슨
일인가.

공손찬
일가가
원소에게 전멸
당했습니다.
뭣이?

공손찬님이
전멸을?!!

흑 흑
아아~ 공손찬님은 저와 동문수학을 한 형제 같은 분인데...!
... 슬퍼마시오. 내 원소에게 복수해 주리다.

아닙니다! 조승상! 제게 원수를 갚을 기회를 주십시오!

쏴 아 아
이거 안놔?!!
안되요! 장비 아저씨는 못가요!
탕!

유비 형님!
콰르릉
흥! 형님 마침 잘 왔수! 나와 관우형은 갈...
장비! 즉시 출정 준비 하라!
..옛?!
푸른 새가 새장을 벗어날 때가 왔다. 이 기회를 놓치면 끝장이다!

* 맹약 : 굳게 맹세한 약속.
척
이 혈서는 나와 열 명의 충신들이
피로 쓴 조조를 처치한다는 맹약이다!
황제 폐하께서 직접 하사하신
비밀 문서이니라!
형님! 그렇다면
지금까지 거짓으로 몸을
숙이고 있었던
거군요!
조조의 마음이 변하기 전에
황제 폐하의 군대를 이끌고
하북으로 가자!
시간이 없다!
두
두
형님! 오해해서
미안! 하지만 우리까지
속인 건 너무하오!
두

두
두
응?
저건 유비의 무리가 아닌가!
!!
아뿔싸! 승상께서 유비를 풀어주셨구나! 큰일이다! 다시 잡아둬야 해!

성하!
쾅

치우야! 어떻게 된거야?! 유비님이 갑자기 출정하신다던데!
응! 시간이 없어! 나와 같이 가자! 같이 수학의 비밀을 풀어야지!

탁

미안해. 치우.
난 갈 수 없어.

조조 때문이야?
조조는 황제마저
집어 삼킬 위험한 자야.
너도 같이 위험해 진다구!
죽을 수도 있어!

미안해.

탕!
성하!

치우
안녕..
네 말대로 조조님은
위험한 사람이야.
그래서 더욱 내가
필요해.
고마워
치우.
도해를
부탁해.

선분, 반직선, 직선

오른쪽은 폐하께서 쏜 화살이 지나간 자리를 나타낸 것이야. 화살이 날아간 자리가 직선이면 ◯표, 직선이 아니면 ✕표 해 봐.

(   )

그림과 같이 양쪽으로 끝없이 늘인 곧은 선을 무엇이라고 하는지 써 봐.

(   )

도형을 읽어 봐.

(1) 

(   )

(2) 

(   )

퀴즈 4

점을 이용하여 반직선 ㄱㄴ을 그려 봐,

ㄱ　　　　　　　　　　ㄴ

퀴즈 5

관계있는 것끼리 찾아 선으로 이어 봐,

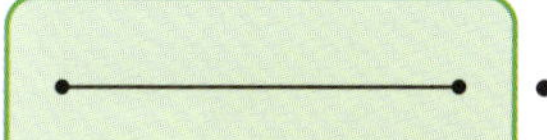 ·

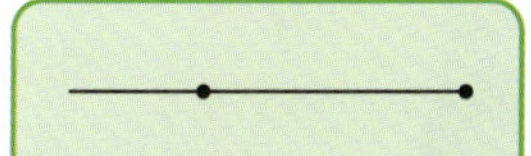 ·

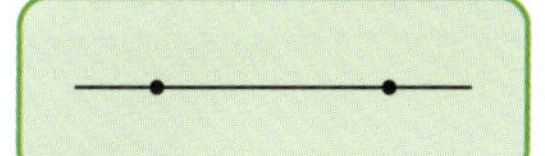 ·

· 직선

· 반직선

· 선분

퀴즈 6

바르게 설명한 사람은 누구인지 이름을 써 봐,

(　　　　　　　　　)

호랑이 등에 날개를 달다

승상, 유비는 실로 무서운 자임다.
자신의 목에 칼을 들이대는 자에게도 능히 미소를 지을 수 있는 자라능.
유비의 속마음을 전혀 알 수 없슴요.

병사를 얻고 이곳을 탈출하기 위해
아마, 승상을 속이고 안심을 시켰을 것임다.
바보짓도 서슴치 않았겠고요.

결국... 내가 속은 것이로군.

승상, 지금이라도 유비를 뒤쫓아...
스윽-

됐다. 놔둬라.
다음 번에 만날 때는 이 조조를 속인 걸 후회하게 만들어 주지.

두
두
두

형님! 좀
천천히 갑시다!
이러다 말 죽겠소!
너무
빠른거
아냐?

더 빨리!
더 멀리!
한 발자국이라도
더 조조에게서
멀어져야 한다!!

…
두 두 두

화 끈~

미안해 치우!
난 갈 수
없어.
주륵─

앗?!
야! 임마!
휴우─
질
질

회남
나는 황제다!
신하들은
국정보고를 하라.
둥
둥
여봐라—
새로운 궁궐의
건설은 어찌
되었느냐?
원술

폐..폐하. 벌써 엄청난
비용이 궁궐을 짓는 데
지출되었습니다요...

황제의 궁궐인데
돈이 많이 드는 건 당연한
일 아닌가! 금고에서
아끼지 말고 갖다 쓰거라!

그..그게...
금고에 돈이
한 푼도 남아 있질
않습니다요.

백성들 모두
다른 곳으로 도망가서
세금도 걷을 수
없습니다요.

뭣이?!
감히 황제가 여기 있는데
어딜 도망가?!

벌떡!

모두
잡아들여라!

폐하...
우리는 이제
병사들에게
줄 돈도
없습니다요.

군대는
벌써 없어졌어요.

나...나는
황제인데...

크윽ㅡ!

폐..폐하...는 스스로 황제라 지칭하셨잖아요.
옥새 하나 갖고 있다고 황제가 되는 건 좀 ...

닥쳐라! 나는 옥새를 갖고 있는 진짜 황제이다!

그리고 내게는 북방의 강자로 군림하고 있는 원소 형님도 계시다!
모두 짐을 싸거라! 원소 형님에게로 이사를 가겠다!
옛?! 그...그건 무리 입니다!

그래! 이곳에 더이상 있다가는 서주로 온 유비에게 공격 당할 거야.
원소 형님에게 옥새를 주고 나라도 우선 살아야겠다!
원소 형님도 욕심이 많으시니 황제 자리를 마다하진 않겠지!

*시기상조 : 어떤 일을 하기에 적절한 시기가 채 무르익지 않았음을 가리킴.

* 상사병 : 남자나 여자가 마음에 둔 사람을 몹시 그리워하는 데서 생기는 마음의 병.

형님! 우리에게 좋은 일이 생긴 것 같습니다.
응?

오랜만에 인사드립니다! 유비공!
손건! 미축!

그대들이 무사한 걸 보니 더없이 기뻐요!
하늘이 도와주셨는지 유비공을 다시 만나게 되었군요.

사실은 제가 더 빨리 오려고... 조잘조잘... 조조 때문에... 조잘... 조잘
겨우 속여서 ... 조잘
아이쿠 고생하셨어요. ... 조잘
그 영리한 조조를 어떻게 ... 조잘조잘 ...
역시 유비님은 ... 조잘 ...
혀엉 형님...
조잘
조잘
혀엉

선비들끼리 만나니 수다가 엄청나구나...
꺄륵
꺄르륵

그런데 유비공 들으셨습니까?
뭘요?

원술이 궁 안의 물건들을 모두 싣고 이곳 서주를 거쳐 원소에게로 가고 있다 합니다.
그런데 원술의 사치가 얼마나 심했던지 물건들을 실은 마차만 해도 수백 개에 달하고, 그걸 힘없는 백성들이 옮기게 했다 합니다.

형님! 절호의 기회입니다.
원술의 군대를 치는 게
어떻습니까?

…
공들의 의견은 어떻소?

원술은 황제를
자칭하는
대역죄인이고, 고생하는
백성들을 구하기
위해서라도
공격해야 하지요.
원소와 합류하기
전에 쳐야 합니다.

끼얏호!
장비야. 왜 갑자기
괴성을 지르느냐?
드디어 싸움이다!
몸을 풀게 생겼으니
신나서 그래요!

둥 둥 둥 둥 둥

정말 엄청난 행렬이구나!
어떻게 한낮 신하에 지나지 않던 원술이 이렇게나 사치스러울 수 있단 말인가!

죄인 원술은 듣거라! 감히 황제를 자처하며 백성을 괴롭히다니! 그러고도 살아남길 바랬느냐!

앗! 유비!!
시골에서 돗자리나 팔던 촌뜨기가 감히 황제인 나를 치겠다고?! 네놈이 대역죄인이다!

나의 장수
기령!
저놈의 목을
가져와라!

우우웃!
일 더하기 일은 귀요미~♡
이 더하기 이는 귀요미~♡
귀요미 기령이
나가신다!!

우리는 누가 기령과 맞서 ...!
벌써 장비가 나갔는데요.
이얏호!
이놈아! 오늘 넌 재수가 없는 거야!
두 두 두
왜냐면 내가 오랜만에 몸을 풀게 생겼거든!

두 두 두

부옹
으랏차! 받아라!

으히힛!
일 더하기 일은!
숙
귀요미 ♡
숙
슈옥
커헉! 뭐.. 뭐야!
나의 창을 피하다니!!
으야얍.
받아라!
부우웅

이 더하기 이는
귀요미 ♡

쏙
슈욱
쏙

삼 더하기 삼은
귀요미 ♡

으악! 무슨 저런
녀석이 다 있지?!
귀요미~
귀요미~
기분나뻐!
하지마!

좋아! 치우가 연습하던
그 필살기를 써 볼까?

평면도형
창법!
이야얍!

파
앗
직각삼각형
창법!
90°
빗변
밑변
앗!
따가워.
사 더하기 사는 귀요...
앗!
파
파
파

* **직각삼각형** : 한 각이 직각인 삼각형.

* 직사각형 : 네 각이 모두 직각인 사각형. 마주보는 두 변의 길이가 같고 평행하다.

* **정사각형** : 네 변의 길이가 모두 같고 네 각이 모두 직각인 사각형.

자! 그럼
총 공격...
형님. 총 공격할
것도 없습니다.
저길 보십시오.

으아아!
도망가자! 황제고
뭐고 나부터 살자!
우르르

원술의 군대는
기강이 해이해져 있기 때문에
대장을 잃으면 자연스럽게
소멸될 것입니다.
원술이 사치와 향락에
빠져 있는 동안 병사들의
마음이 돌아선 것이지요.
와르르

원술의 마지막은
비참하겠군...

돌발 퀴즈
정답은 72쪽에
한 각이 직각인 삼각형을 □ 이라 하고, 한 각이 모두 직각인 사각형을 □ 이라 한다.

벼..병사..들은 모두
어딜 갔느냐... 목이 마르다.
꿀물을 갖다 다오.

먹을 것도,
병사들도 모두 사라졌소.
남은 것은 빈 그릇 뿐이오.

저리 치워라!
깡ㅡ
옳지!
저기 민가에서 좀 쉬자.

여봐라.
나는 황제다.
꿀물을 대령하라...

안들리느냐.
어서 꿀물을 대령하라지
않느냐!
...

꿀물이 어디 있소!
있다면 핏물이나
있을까!
병사들이
모두 빼앗아 가서
남은 것은
흙더미 뿐이오!

뭐..뭐라구?!
네가 감히
황제에게!
황제...!

화..황제...
스르르

원술

옥새를 가지고 황제를 자칭하며 분수에 맞지 않는 사치와 향락을 누리다 유비에게 패한 뒤 건안 사년 유월 울분을 못이겨 피를 토하며 죽어 갔다.

70쪽 정답 직각삼각형, 직사각형

* 매복 : 상대편의 동태를 살피거나 불시에 공격하려고 일정한 곳에 몰래 숨어 있음.

치우야.
수고했다! 이제
해도 저물어가니
서주성으로
돌아가자.

서주성이요?
금성으로 가면
안되나요?

치우가
성하를 많이
좋아했나
보구나.

하지만, 걱정말거라.
인연이 있는 사람은
언젠가는 다시 만나게
되어 있단다.

인연
…

성하와 제가
인연이 있을까요
…?

그럼!
인연이 깊으니까
이렇게 같은 시대에
살고있는 것 아니겠니?

…

치우야!

안녕?
내 이름은
성하야!

너랑 나랑
우리 친구하자!

맞아요.
여기까지 같이
온 것만 해도 대단한
인연이죠. 우리는
언젠간 반드시 다시
만날 거예요!

그런데 관우님 하고 장비님은 어디 계시죠? 군량미 남은 것 보고해야 하는데...
글쎄다. 아까 급히 둘이 서주성 쪽으로 뛰어가던데?

역시 진등의 아버지 진규가 일러준 대로 차주가 우릴 없애려고 화살 부대가 매복해 있군요. 형님!
나도 보았다. 먼저 선수를 치자.

거기 두 명!
어느 군 소속이냐?!

우리?! 야! 반가워!
우리는 조조의
친구들이야!
아주~
사이가 안 좋은
오랜 친구지!

뭐? 사이가
안 좋은 친구?
?!
?
?

그래! 우린
조조가 두려워 하는
유비군이다!
피읏
척
파
아
장비와
관우다!

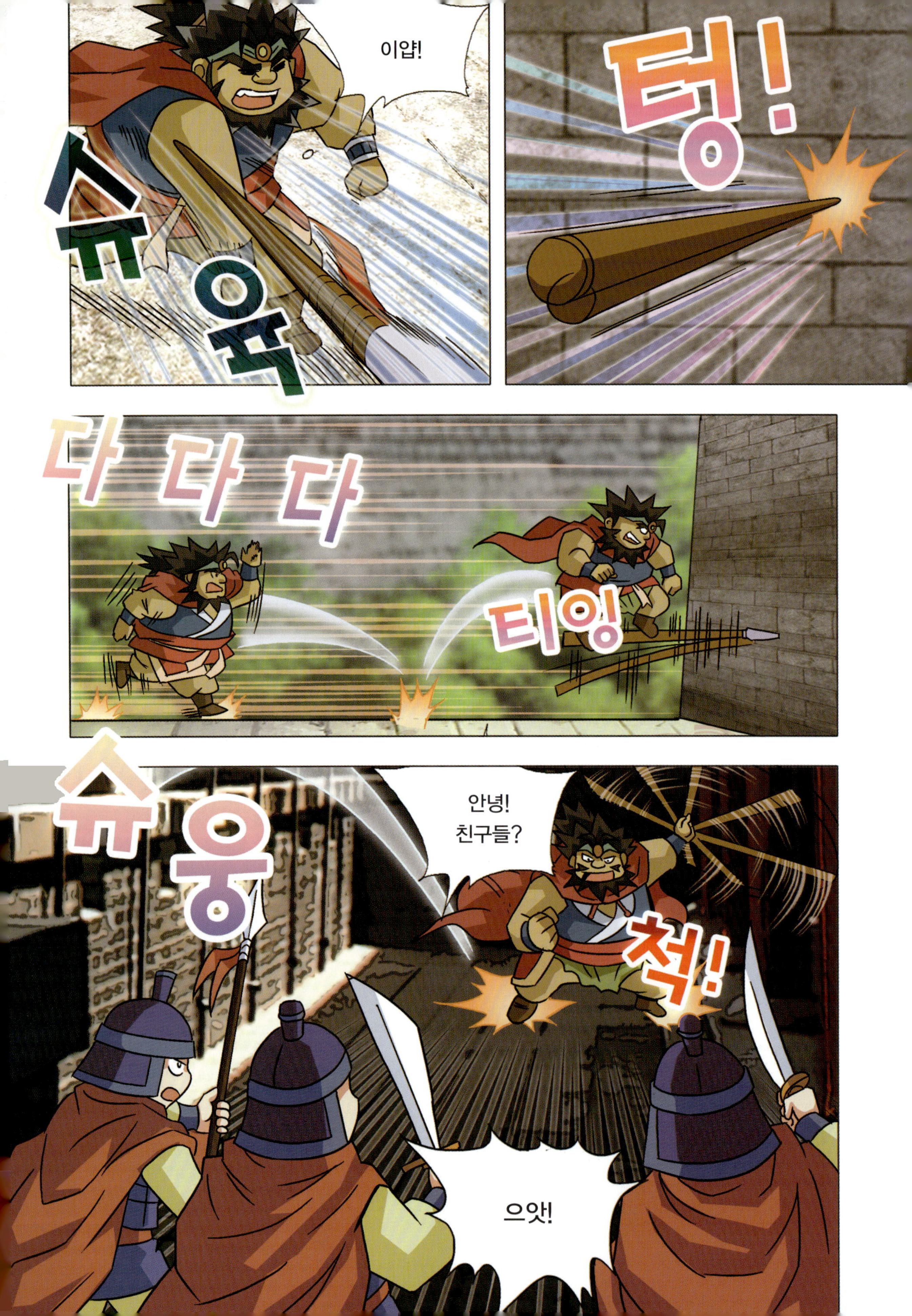

이얍!
슈
욱

텅!

다 다 다
티잉

슈
웅
안녕!
친구들?
척!
으앗!

으랏차차!
으악
붕 붕
파 파 팍
붕붕

장비다!
쏴라!!

피 슈
웅
어딜!!

파
으앙!
팟
고마워~ 형님!
장비! 관우! 괜찮은가?!
두 두 두

네. 형님. 싹쓸이 해 왔수.
여기 서주 태수 차주가 조조에게 우리를 없애라는 명령을 받고 매복을 하고 있었습니다!
차주
크윽!

패자가 무슨 말을 하겠나. 승상에게 면목이 없으니 내 목을 치시오!
됐소. 조조에게 돌아가 다시는 이런 비겁한 짓을 말라고 전하시오!

큰일이다. 조조가 곧 군사를 이끌고 이곳으로 오겠구나!!

군사를 챙겨 서주를 떠나야겠다. 이곳은 너무 위험하구나.
예? 겨우 정착하나 싶었더니.. 또 방랑군 신세라구요?

아직은 조조를 막아낼 힘이 없다. 그런데 이제 갈 곳이 없는데 어디로 갈지 고민이다.

제..제가 한 가지 방법을 알려드리지요. 북방의 원소에게 가보십시오.
원소?

그게 말이 되니? 원소 동생 원술을 우리가 공격했는데!
원소가 우릴 죽이지나 않으면 다행이지!

* **기품** : 인격이나 작품 따위에서 드러나는 고상한 품격.

유비가 나의 도움을
받으러 왔구나. 피비린내 나는
세상에 홀로 군자의 도리를
지키려 하는 사람이라고
사람들은 칭송하지.
이번엔 내가
직접 그를 시험해
보고 판단해야
겠다.

정현님은 한참 뒤에 돌아오세요. 여기서 기다리시면 될 거예요.
네. 기다리죠.

유비님을 기다리시게 하다니.. 정현이란 사람은 대단한가 보죠?

정현님은 삼공의 벼슬을 지낸 원소 가문과 삼대를 이은 친분도 있고, 내 스승님 노식 선생님과 동문수학 한 사이이시기도 하지. 그러니 나의 스승이기도 하다.

유비님은 싸움 잘하는 사람 뿐만 아니라 공부 잘하는 사람도 좋아하시는 것 같아요.
하하하! 치우야. 어떨 때는 창과 칼보다 학식이 더 강할 때도 있는 법이란다.
그러니, 나에겐 둘 다 중요하지.

오호호!
그래서 말야!

우르르

꺄르르!
너 오늘 너무 꾸민거
아니니?

2화 개념 체크

퀴즈 1

각을 찾아 ○표 해 봐.

(   )   (   )   (   )

퀴즈 2

장비가 사용하려는 창법이야. □ 안에 알맞은 도형의 이름을 써 봐.

한 각이 직각인 삼각형인 □ 창법을 쓰겠다.

(   )

퀴즈 3

직사각형을 찾아 기호를 써 봐.

가   나

(   )

➡ 2화에서 알게된 수학지식

- 각: 한 점에서 그은 두 반직선으로 이루어진 도형
- 직각: 종이를 반듯하게 두 번 접었다 펼쳤을 때 생기는 각
- 직각삼각형: 한 각이 직각인 삼각형
- 직사각형: 네 각이 모두 직각인 사각형
- 정사각형: 네 각이 모두 직각이고 네 변의 길이가 모두 같은 사각형

퀴즈 4 오른쪽 마차의 일부분에서 직각인 곳을 찾아 ○ 표 해 봐.

퀴즈 5 다음 도형이 정사각형이 <u>아닌</u> 이유를 바르게 말한 사람은 누구인지 이름을 써 봐.

( )

퀴즈 6 내 방문의 무늬의 일부분이야. 여기에서 찾을 수 있는 직사각형은 모두 몇 개인지 써 봐.

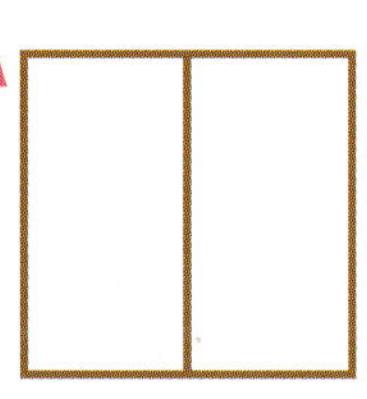

( )

3화 두 마리 용의 싸움

호호호
까르륵
까르륵
휴우

유..유비님!
왠 아리따운
여자들이죠?

신경쓸 필요없다.
우리와는 관계없는
사람들이야.

우리 같이 놀아요.
정현님 기다리는 동안
심심하잖아요!
함께 공놀이
해요! 까르르

까아
꺄앗
하하!
공놀이가 너무
서툴러요!
…

아이참!
같이 안하실
거예요?
우리에게
너무 관심없는 것
아닌가요?

방해된다면
밖에서
기다리겠습니다.

됐어요!
흥!
재미없는
사람!

여자들이 전부
나가버렸어요.
어..어쩌죠?
조용해져서
난 더 좋은데?

---

* **도덕군자** : 도학군자와 같은 말. 도학을 닦아 덕이 높은 사람.

이 편지를 가지고
원소에게 가보세요.
아마 유비공을
받아 줄 것입니다.
원술은 자신의
욕심때문에 죽은 것이지,
유비공의 탓만은
아니지요.

스승님의 은혜에
보답할 길이 없으니
송구스럽습니다.

…
의로운 자는
외롭지 않은 법이예요.
유비공의 진심은 언젠가는
결실을 얻을 것입니다.

원소에게
의탁했다가
조조처럼 또
쫓겨나면
어떡하죠?

모든 것은
때가 있는 법.
참고 기다리거라.

누나들
안녕!

모두들 자기가 영웅이라 하며 해마다 군사를 일으키기에 혈안이 되어 있으니 백성들이 힘들어 해요.
하지만 유비공만은 가는 곳마다 농민들의 세금을 줄이기 위해 노력한답니다.
서주 백성들도 이미 유비공이 다스려 줬으면 한대요.

… 그래, 그런 면이 유비의 커다란 힘이지.
나 역시 유비를 돕고 있지 않느냐.

아직은 조조나 원소에게는 상대도 안 되지만, 언젠가는 강한 세력을 만들거야.
고고!
북쪽으로

유비님 서주성은 이쪽인데요? 어디 가세요?
치우야. 나는 서주 백성들을 살펴보고 들어갈테니, 먼저 들어가거라.

네? 피곤하지도 않으세요? 꽤 먼 길을 왔는데, 오늘은 좀 쉬셔요.

하하하! 매일 나에게 보채는 장비나 관우보다 치우 네가 날 더 걱정해 주는구나!
고맙다. 하지만 서주성 백성들은 수년 동안 전쟁에 시달렸단다. 내가 맡을 동안만이라도 편하게 해줘야지.

...
유비공
아니, 진등공? 여기 왠일인가요?

몰래 유비공의 뒤를 밟았습니다. 우선 저의 사과를 받아주십시오.

사과라뇨?
무슨 말씀이신지
…

저는 유비공이 다른
태수들처럼 서주 땅을
욕심내서 오신 줄
알았습니다.
그런데,
오늘 유비공의
진심을 알고
난 뒤엔 제가
잘못했다는 걸
깨달았습니다.

앞으로 유비공을 진심으로
돕겠습니다. 서주 백성들을
위해서라도 말입니다.
진동공, 저는
태수로서 당연히 해야
할 일을 하는 것입니다.
과찬이십니다.

손건 아저씨와
미축 아저씨에 이어서
진등 아저씨까지
얻으셨네요.
사람은 물건이
아닌데 어떻게 얻느냐,
뜻이 통하는 것뿐이지.

어쨌든, 정현 스승님의
편지도 얻었으니 원소의
힘을 빌릴 수 있어야
할텐데.
원소가
과연 움직여
줄런지…

조조
두 거목
조조와 원소 사이에서
풍전등화 같은 우리의 신세가
한스럽구나.
*풍전등화 : 바람 앞에 등불.

원소군 진영

원소의 최고 장수
안량

철갑기병은
총집결 하였는가?

넷! 안량 장군님!
총 2만 기의 철갑기병이
훈련을 마쳤습니다!

…

훈련을 다시
시작한다.
넷?
방금 훈련을
끝냈는데요?!

이런 식으로
막강한 조조군을
상대할 수 있을 거라
생각하느냐?!
훈련을 마친 군사들이 어찌
저렇게 깨끗할 수가 있는가!
실전이라고 생각했다면
흙과 땀으로 더러워져
있었어야지!!

훈련 준비
하라!
…네…

우와아!
안량 장군님!
저길 보십시오!

꾸억
엄청난 크기의
매가 새끼 돼지를
잡아가고 있습니다!
피
슈 웃

파
악

우와아! 대단한
활 실력이다!
훗.
누구의 활인지
짐작이 가는군.

실력은 여전하군.
문추!
으허허허!
매 주제에
훈련을 방해하길래,
한 방에 해치워
버렸네!

좋아! 문추 장군과 함께 철갑기병의 훈련을 개시한다!
두웅
우우

둥
둥
으허허!
한바탕
해 볼까?!
콰
ㅡ

저수

심배

나의 장수
안량과 문추가
정예 철갑기병
2만을 훌륭히
훈련시키고 있소!
어때, 든든하지
않소?
원소
그렇사옵니다.
또한 산악전에
능한 보병 8만이
준비되어
있습니다.
전부 합치면
10만 대군이
되옵니다.

우리 군대는 안량, 문추 같은 맹장들 외에도
저수, 심배 같은 훌륭한 제략가까지 있으니 실로 강대국 이라 할 수 있소!
비옥한 토지인 하북 4성을 지배하고 있으니 물자도 넉넉하지요.
이제, 조금만 더 힘을 기르면 조조가 장악하고 있는 중원으로 진출할 수 있을 거야.
조조, 한 때는 한나라의 재건을 위해 피땀을 흘렸던 동지였지만, 이제 자네는 천자를 끼고 천하를 노리고 있지.
언젠가는 너와 내가 대륙의 운명을 걸고 승부를 벌일 날이 올 것이다!

안량, 문추가 주군을 뵈옵니다!
오! 어서 오시오!
유비의 편지를 전해드리기 위해 훈련을 마치고 입궐했습니다!
유비?! 내 동생 원술을 죽게 만든 자가 아닌가!

주공! 편지 내용이 더 가관입니다! 유비가 자기를 도와서 조조의 공격을 막아달라고 하더군요!

뭣이? 내 동생을 공격할 때는 언제고, 이제 와서 도와달라고? 그게 말이나 되는가!

주공! 침착하십시오. 원술님의 복수는 사사로운 일이고, 조조와의 싸움은 천하를 가늠하는 대업입니다.
유비는 서주성 백성들의 신망을 얻고 있어, 유비군을 친다면 백성들의 원망을 사게 됩니다.

또한, 주공의 힘은 이미 천하에 이름을 떨치고 있고, 넉넉한 물자와 수많은 인재들이 저희 군에 있습니다.
지금이 바로 조조를 치기 좋을 때 입니다!

그래! 언제까지나, 내가 하북 4성에 만족할 수는 없는 일! 이 기회에 조조의 세력을 꺾어 볼까?

그리고, 이것은 정현의 편지입니다. 유비의 편지와 같이 있었습니다.
대 현자께서 내게 편지를?

…
정현님도, 유비를 치지 말라고 당부하시는구나.

...
주공, 어떻게
하시겠습니까?
당장 군사를
일으켜 유비군을
쓸어버릴까요?

병사를
소집하라.

아니, 조조를
공격할 준비를
하라!

넵!! 당장 군사를
몰고 유비의 목을 가지고
오겠습니다!

넷?!
조조를
친다구요?

* **사세삼공** : 사대에 걸쳐 조정의 삼공을 배출함. 대단히 명예로운 가문.

원소는 10만의 강력한 군사를 일으켜 조조군에 도전할 뜻을 보였고, 이 소식은 조조군에게도 알려졌다.

* 선전포고 : 한 나라가 다른 나라에 대하여 전쟁을 시작한다는 것을 공식적으로 알리는 일.

대권을 원소에게 넘길 생각은 없다!
정병 20만을 소집시켜라!
넷?! 원소를 공격하실 겁니까?

하지만, 서주도 유비가 우리에게 도망쳐서 5만의 군사로 집어 삼키려고 하고 있습니다!
승상께서는 유비를 그대로 두실겁니까?

유비! 유비도 서주에서 힘을 키우기 전에 손봐줘야 할 자이지!
하지만, 원소에 비하면 보잘 것 없는 세력에 불과하다.
우리가 유비를 먼저 치면 원소는 유비에게 병사와 물자를 원조해 줄 것이다. 그렇게 되면 원소와 유비 둘 다 놓치게 돼!

하나씩
제거한다!
북방의 원소,
그 다음은
서주의 유비!

조조님,
식사 시간이에요.
…

아침부터 아무것도 안드셨다길래, 우유와 간식을 만들어 왔어요.
조조님!

아.. 성하 왔구나. 언제 들어왔지?

전쟁에 열중해서 제가 들어오는 것도 모르셨군요.

하하. 그랬나? 성하야. 이번에야말로 원소와 유비를 없앨 수 있는 작전을 짤 수 있단다!
어때? 잘 됐지 않느냐?

* 제패 : 패권을 잡음.

...
저는 승상 조조님이
아닌 옛날의
조조님이 더
좋아요.
그때로 돌아갈
순 없나요?

휴ㅡ

점점 이 시대가
난세가 되고 있어.
점점 더 무서운
세상이 될 것
같은데, 도해와
치우는 잘
있을까?

여양땅

으랏차차차!
...

털썩
크윽! 안되겠어!
소가 필요해!!

도해!
괜찮아?
너무 무리하지 마!
다치면 어쩔려구!

예.. 괜찮아요.
그런데, 소가 있으면
더 편할것 같아요..

응? 그런데
...
왜?

초선 누나
당대 최고의
미녀였는데...

어쩌다가 농사꾼이 된거예요?!
뭐?

흥! 농사꾼이면 어때! 이젠 잘 보일 사람도 없는데!
우리 둘이 살면 되잖아!

그건 그래요. 여긴 아무도 모르는 산골이니 우리 둘 뿐이죠.

왜? 나랑 둘이 있는게 싫어?
하핫! 아니요!

내가 말야! 뒷산에서 놀고 있는 소를 잡아왔거든? 이제 도해가 밭을 갈지 않아도 돼!

소..소를
잡았다구요?

쿠
웅-

패..팬더...
쩝쩝
?
팬더가 뭐야?
소 아니야??

뭐 어쨌든 밭을
갈게 해 봐야죠.

꾸엉!
팩!

저 소가...
아니 팬더가 농사를
싫어하는데요?
잡아
먹을까
보다!

몇 시간 후

꾸엉!
꾸엉!
뭔가가 잘못
됐어. 이건!

다음 날
우와! 드디어
싹이 났어요!

우와! 진짜로 싹이
나왔어. 내가 했지만
정말 놀라워.

좋아! 그럼 이제
농사에 중요한 물길을
만들어 볼까?

물길을 만든다고?
어떻게?
평면도형의
밀기, 뒤집기, 돌리기를
이용하면 돼요.

저 개울가의 둑을
막아놓은 벽돌들 중에 색깔있는 모양의
벽돌을 먼저 뒤집기를 해 보죠.

그 다음 모양의 벽돌을
돌리기를 두 번 해요.
그럼 맨 아래 모양이 되지요.

마지막으로
왼쪽 아래 모양의 벽돌을
아래로 밀고
다시 왼쪽으로 밀어요.

그럼 바로 이렇게
우리 밭으로 물길이
흐르지요.

와ー!
도해 정말 대단하다.

꾸엥♡
우리 소가 정말로 좋아하는데?
팬더라니까요!!

그냥 이렇게 아무도 모르는 시골에서 사는 것도 나쁘지 않은 것 같아.

짹 짹

내일은
일찍 일어나서
밭에 물을 줘야겠다.

아함~
잘잤다!

?? 아무도
없네. 벌써
나갔나?

쿠웅~

도해야!
도망쳐!

바, 밭이
완전히 망가졌어!!
도대체!!

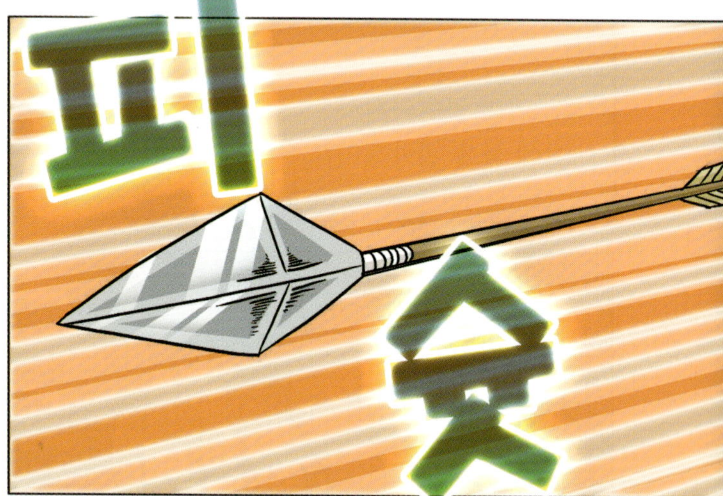
피!
슛

파
팍!
헉!

꺄악!
괜찮아?
도해!

초선 누나!

쿠웅-

* 밀고 : 남몰래 넌지시 일러바침.

안돼!
콱!
도해!
도망쳐!
으악!
깍!
퍽
어딜
물어!
크
오
초선 누나를
건드리지
마라ー!!
11권에 계속...

여포의 힘이 자신에게 흘러 들어온 것을 깨달은 도해는 그 힘으로 조조군을 물리친다.

한편 원소는 조조와 유비가 서로 싸우며 조조의 힘이 빠지길 기다리고, 조조는 유비를 치러 성하와 함께 서주로 향한다. 유비와 장비는 소패성에서 조조군을 치기 위해 기습 작전을 펼치지만 오히려 조조의 계략에 빠지고 만다.

유비와 장비가 조조에게 당했다는 소식을 듣고 놀란 관우는 유비 일행의 행방을 수소문하는 한편 하비성에 있는 유비의 가족을 지키기 위해 죽음도 불사하겠다는 각오를 다진다.

예전부터 충성심과 무예가 뛰어난 관우를 탐내던 조조는 정욱과 함께 관우를 자신의 편으로 만들 작전을 세운다.

한편 조조에게 당한 유비는 원소군으로 피한 후 도움을 요청한다. 치우 또한 조자룡의 도움으로 무사히 유비와 합류하고, 유비의 요청을 받은 원소는 저수와 전풍, 심배의 반대에도 불구하고 안량과 문추를 앞세워 20만 대군을 이끌고 조조를 물리치기 위해 출정한다.

그 시각 조조의 부하 장료에게 설득 당한 관우는 조조에게 세 가지 조건을 내 걸며 항복하는데……

조조의 유비 암살 명령

조조의 명령을 받고 원술을 저지한 유비는 조조가 준 군사 5만 명으로 서주를 지키면서 흩어진 백성을 모아 생업에 종사할 수 있도록 했다. 이에 조조는 유비가 원술을 제거하겠다고 한 것은 그저 명분일 뿐 사실은 조조에게서 벗어나기 위한 계략이었다는 것을 깨닫고 서주성에 머물던 장군 차주에게 유비를 없애라는 밀서를 보낸다.

하지만 유비를 따르게 된 진등이 이 사실을 관우와 장비에게 털어 놓는다. 이에 관우는 부하들을 조조의 군사인 것처럼 꾸며 서주의 성문을 열 계획을 세우고, 서주성 앞에서 조조의 군사들에게 성문을 열라고 소리친다. 그리고 성 위에 있던 진등이 차주를 속여 성문을 열게 한다. 곧이어 성문이 열리고 관우와 진등의 공격을 받은 차주는 죽고 만다. 이렇게 조조의 유비 암살 작전은 실패로 끝난다.

관도대전의 서막

한나라 말 여러 영웅들이 들고 일어나 천하를 다투는 형세에서 원소와 조조 두 세력이 점차 장대해 진다.

조조는 헌제를 허현에 모시고 지명을 허도로 정하며 건안 원년(기원 196년)으로 칭하였다. 처음에 조조는 원소의 지원으로 인해 세력을 성장시킬 수 있었고, 이후로도 줄곧 조조는 원소와 우호적인 관계를 맺고 있었으나 헌제 옹립을 계기로 완전히 원소와 결별하게 된다. 당시 원소는 유주, 익주, 청주, 병주를 점령하였고, 하북의 땅은 모두 원소가 장악하며 그 주변에 그를 위협할 만한 상대가 없었다. 하지만 조조는 북쪽에 원소, 남쪽엔 유표, 관중에서도 그를 치기 위해 호시탐탐 노렸다. 하지만 이후 조조는 여포를 격파하고 원술이 병사하면서 장수 또한 항복시켰다. 일이 이렇게 되자 남쪽의 유표는 중립을 선언하고, 손책은 손견의 죽음으로 강동을 안정시키기에도 벅찼다.

건안 5년 유비가 서주에서 조조에게 반란을 일으키고 원소와 손을 잡는다. 이에 조조가 유비를 공격하면서 삼국지의 3대 전쟁이라고 불리는 관도대전의 서막이 오른다.

평면도형 밀기, 뒤집기, 돌리기

나무판을 오른쪽으로 밀었어. 알맞은 말에 ◯표 해.

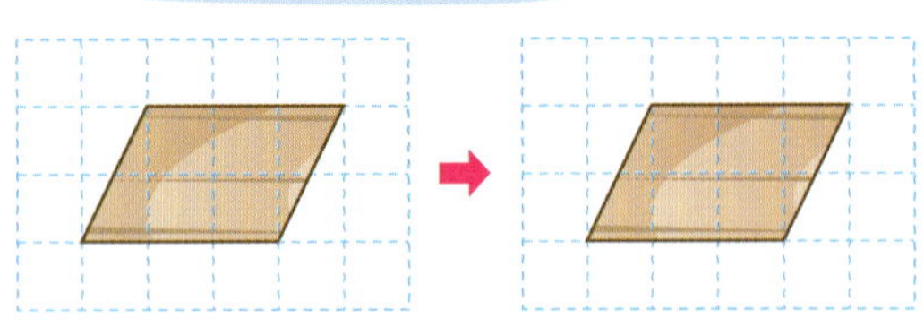

나무판을 오른쪽으로 밀면 크기와 모양은
(변합니다 , 변하지 않습니다).

도형을 왼쪽으로 밀었을 때의 모양을 완성해.

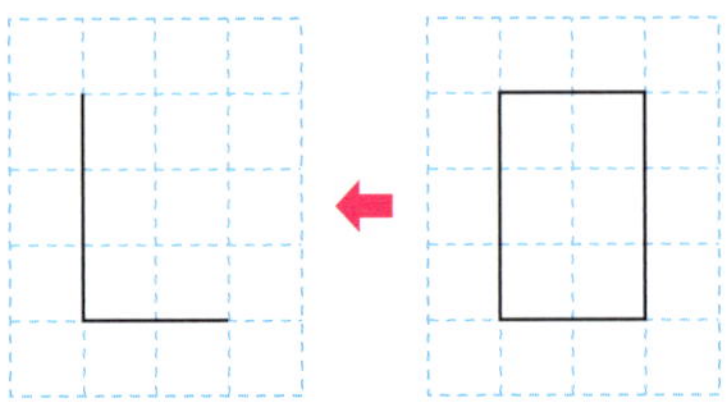

화살표를 오른쪽으로 뒤집은 도형에 ◯표 해.

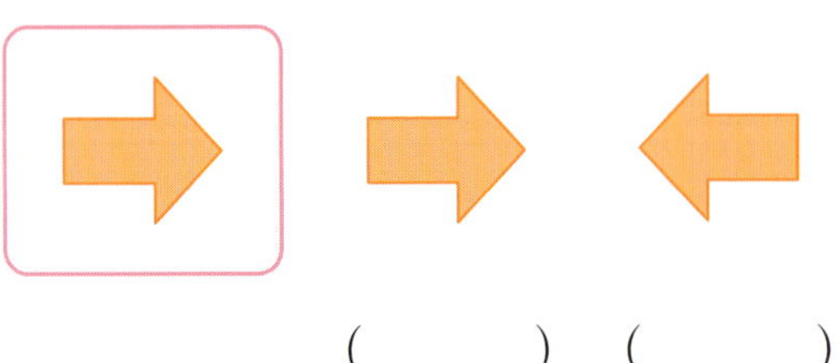

(　도형　) (　뒤　)

도형을 오른쪽으로 뒤집은 도형을 그려 봐.

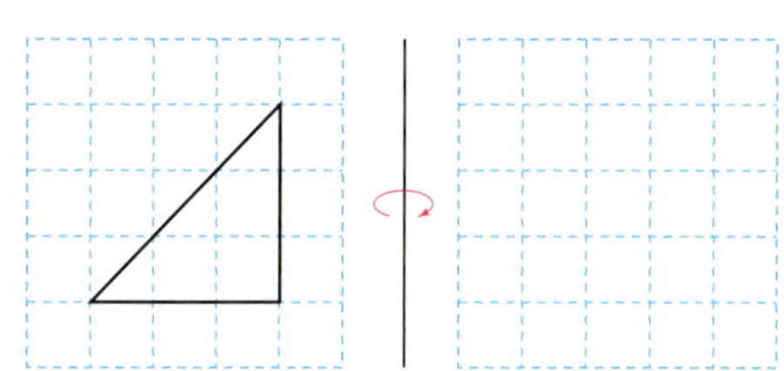

왼쪽 도형을 ⊕와 같이 돌린 도형을 찾아 ◯표 해.

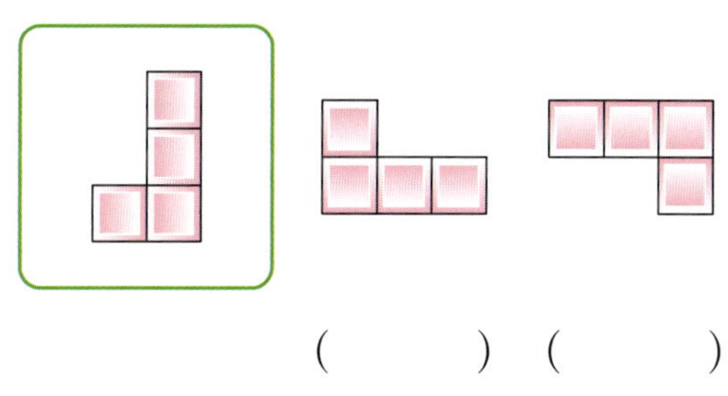

⊕는 시계
방향으로 직각만큼
돌리는 거야.

(   )   (   )

주어진 도형을 ⊕와 같이 돌린 도형을 완성해.

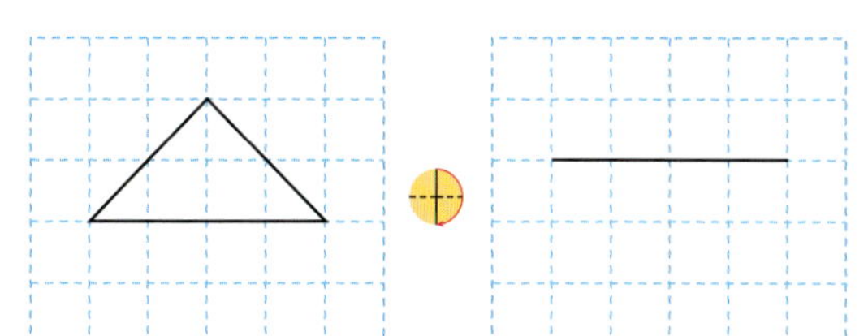

개념 스토리 1   선분, 반직선, 직선 알아보기

곧은 선

굽은 선

선분 : 두 점을 곧게 이은 선

반직선 : 한 점에서 한쪽으로 끝없이 늘인 곧은 선

직선 : 양쪽으로 끝없이 늘인 곧은 선

1

가   나   다   라

곧은 선 (   ), 굽은 선 (   )

2 (   )   **3** (   )

다음 중 한 점에서 한쪽으로 끝없이 늘인 곧은 선은 모두 몇 개인지 구해 봐~!

4

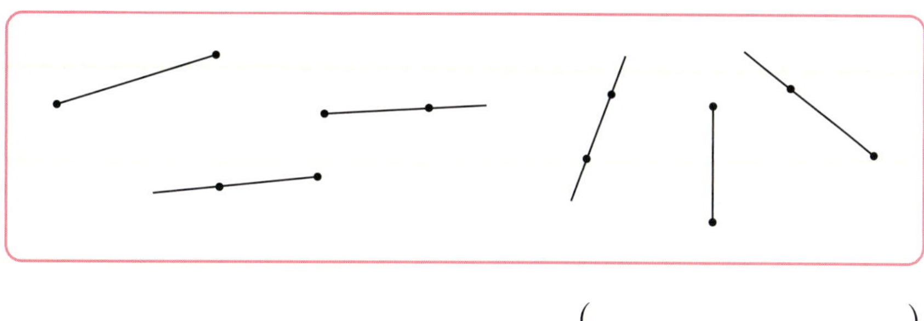

(   )

사슴이 지나간 길을 찾아봐.

5

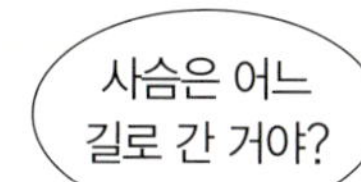

사슴은 어느 길로 간 거야?

툭─!

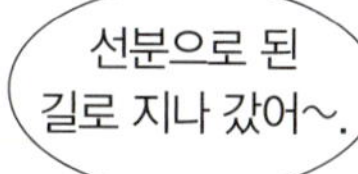

선분으로 된 길로 지나 갔어~.

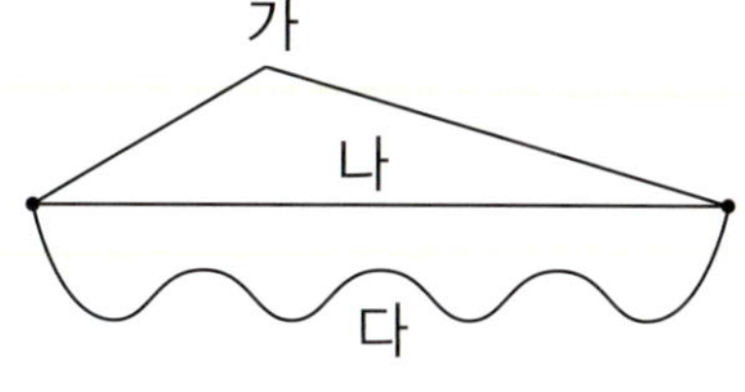

가
나
다

(   )

개념 스토리 2 각, 직각 알아보기

- 각 : 한 점에서 그은 두 반직선으로 이루어진 도형

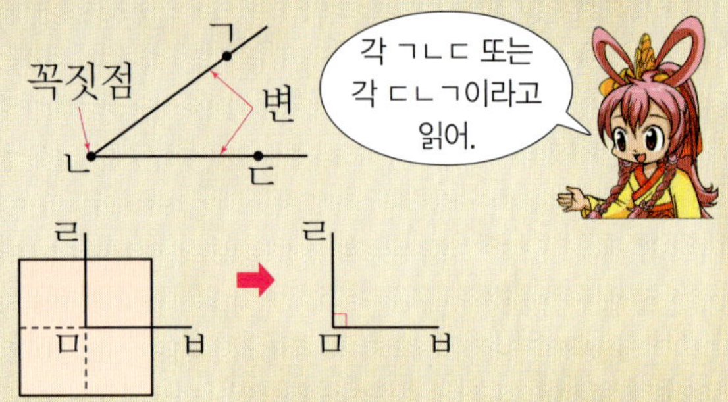

- 직각 : 종이를 반듯하게 두 번 접었다 펼쳤을 때 생기는 각

6

장비

초선

(   )

7

시작한 시각

끝낸 시각

(   )   (   )

개념 스토리 **3** 직각삼각형 알아보기

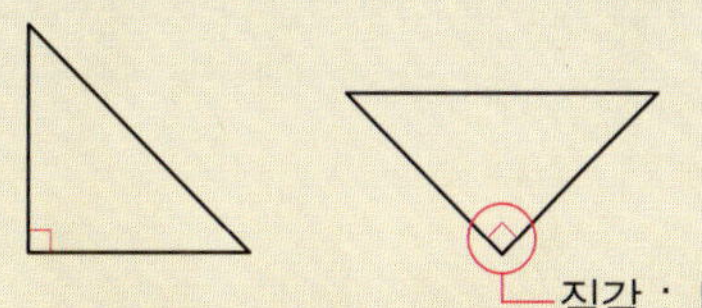

8   가    나    다 

(   )

9   

개념 스토리 4 — 직사각형 알아보기

- 직사각형 : 네 각이 모두 직각인 사각형

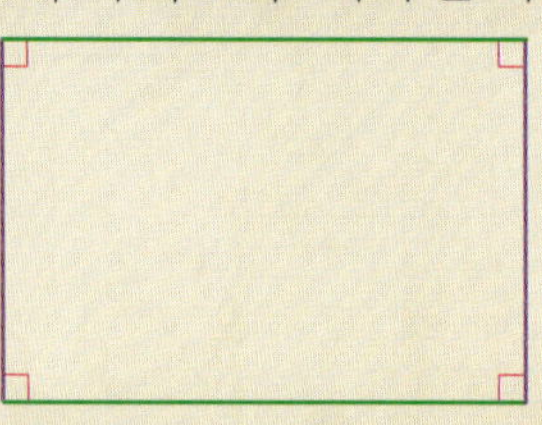

⇨ 직사각형은 변, 각, 직각이 각각 **4**개입니다.

10

(   )

11

(   )

12

개념 스토리 5 정사각형 알아보기

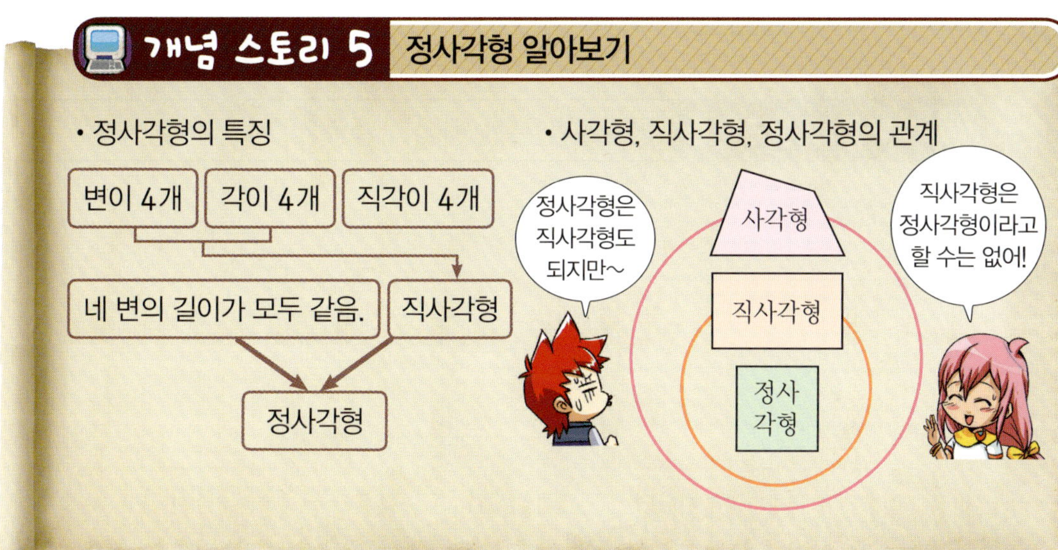

13 

(   )

14 

(   )

개념 스토리 6 — 평면도형 밀기, 뒤집기, 돌리기

(1) 평면도형을 밀기

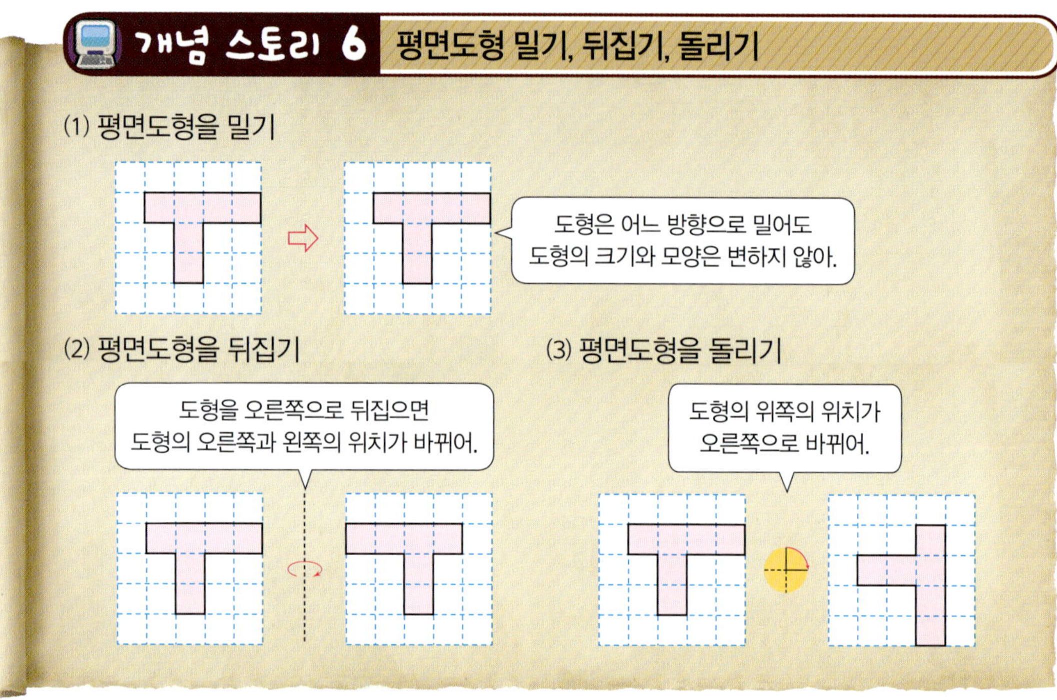

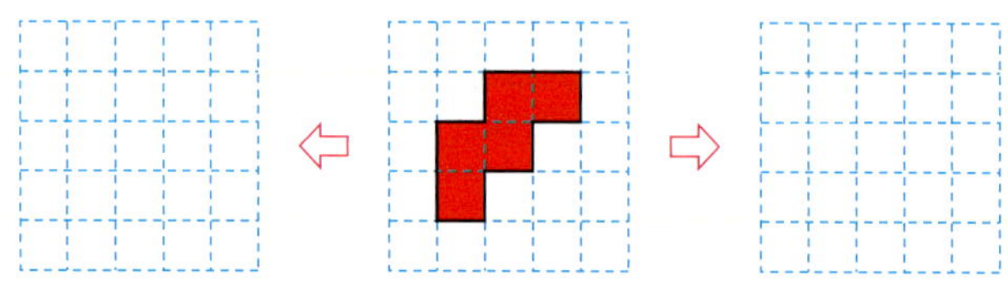

15

16

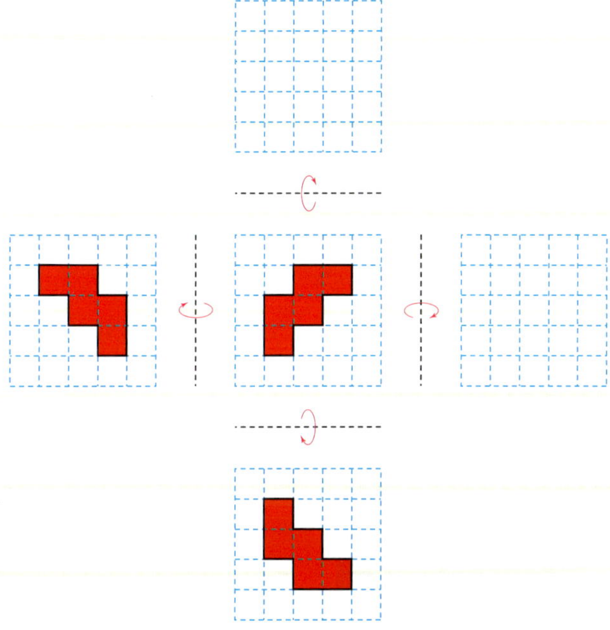

17

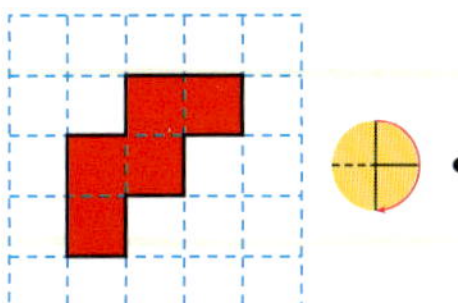 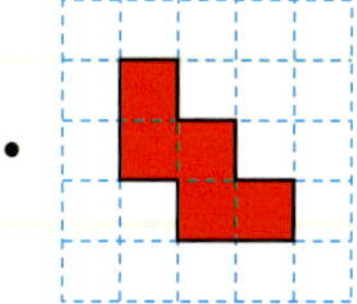

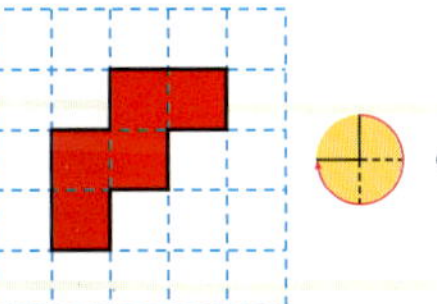 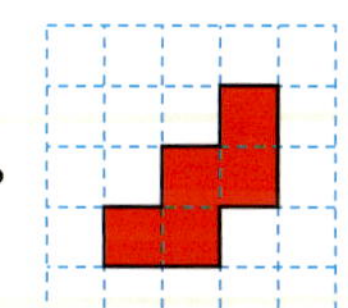

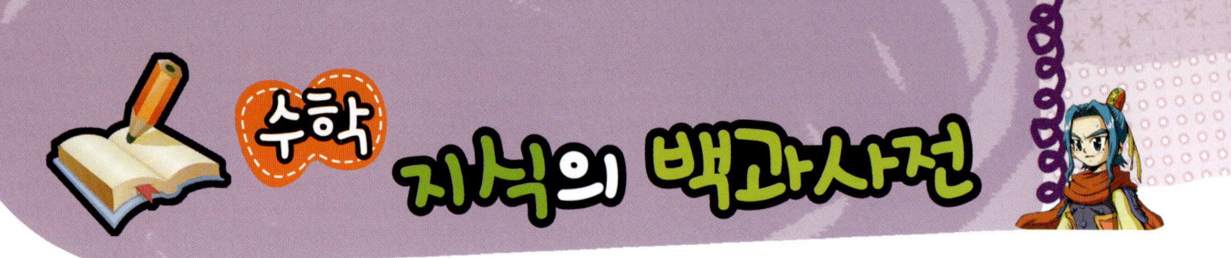

• 스테인드글라스에서 만나는 도형

스테인드글라스란 색소를 넣은 색유리나 겉면에 색을 칠한 유리를 잘라 다양한 무늬나 그림으로 나타낸 장식용 유리를 말해요. 스테인드글라스는 7세기 이슬람 지역에서 시작되었고 유명한 스테인드글라스 작품은 교회나 성당의 창 또는 천장에서 쉽게 찾아볼 수 있어요.

특히 프랑스 파리의 노트르담 대성당과 생 샤펠 성당의 화려한 창은 스테인드글라스의 대표적인 예로 관광객들에게 매우 유명하답니다.

⬆ 노트르담 대성당

⬆ 생 샤펠 성당

Quiz

1. 오른쪽 스테인드글라스에서 찾을 수 있는 도형에 모두 ◯표 하시오.

직각삼각형　　　직사각형　　　정사각형

• 수학으로 만든 게임 '테트리스'

수학으로 게임을 만들었다는 이야기를 들어본 적이 있나요?

1985년 러시아의 알렉세이 파지노프는 퍼즐을 이용하여 '테트리스'라는 게임을 만들었다고 해요. 테트리스는 4개의 정사각형을 변끼리 꼭 맞도록 붙여 만든 '테트로미노' 블록들을 사용하여 하는 게임이랍니다.

4개의 정사각형을 변끼리 붙여서 만들 수 있는 서로 다른 도형(테트로미노)은 다음과 같아요.

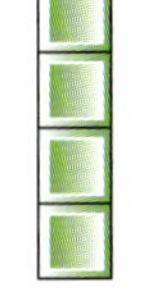
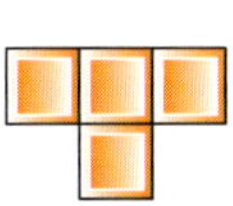

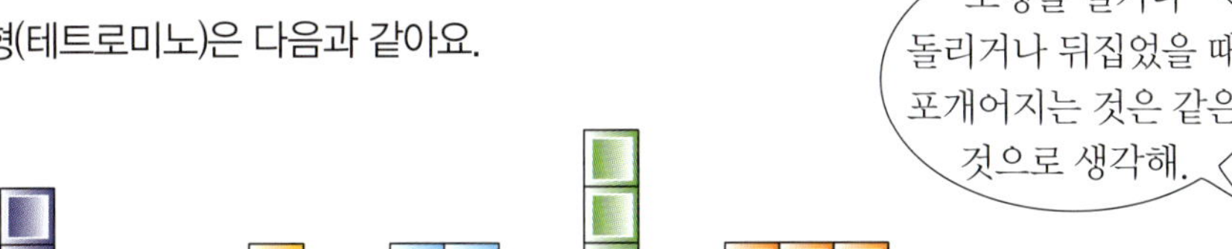

그런데, 테트리스에서는 '밀기'와 '돌리기'는 할 수 있지만 '뒤집기'는 할 수 없기 때문에 다음과 같이 7가지의 블록이 필요하답니다.

테트리스는 위에서 떨어지는 7가지의 블록들을 밀거나 돌려서 아래에 있는 블록들 위에 잘 쌓아야 해요. 이때, 한 줄이 모두 채워지면 그 줄에 있는 블록들이 없어지면서 점수를 얻게 돼요.

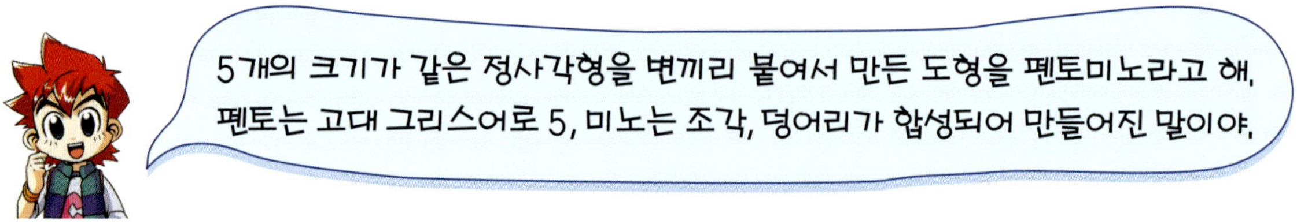

아래의 조각을 뒤집고 돌리면서 재미있는 모양을 맞추면 도형과 공간에 대한 개념을 익힐 수 있답니다. 각 조각에 알파벳을 이용하여 이름을 붙여 부르기도 해요.

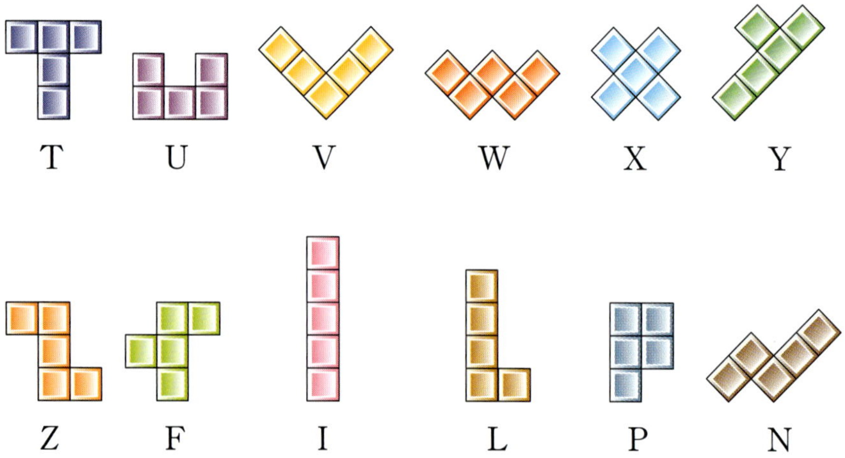

T U V W X Y

Z F I L P N

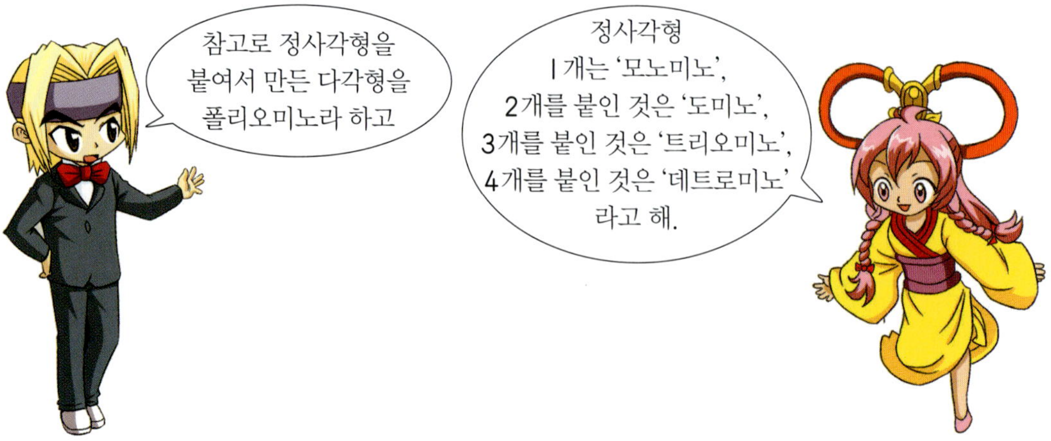

⤴ 직사각형

⤴ 정사각형

⤴ 낙타

⤴ 닭

⤴ 십자

• 벽지에서 찾은 규칙적인 무늬

우리 주변에는 여러 가지 무늬가 있어요.
그중 타일, 포장지, 벽지, …… 등에서 밀기, 뒤집기, 돌리기를 이용한 규칙적인 무늬들을 찾을 수 있답니다.

위의 벽지는 여러 그림을
밀기를 이용해서 만든 것입니다.

위의 벽지는 줄별로 그림을
밀기, 뒤집기를 이용해서 만든 것입니다.

2. 오른쪽의 주어진 모양으로 '밀기', '뒤집기', '돌리기'를
   이용하여 규칙적인 무늬를 만들어 보시오.

1화 개념 체크 46~47쪽

퀴즈1 × **퀴즈2** 직선

퀴즈3 (1) 선분 ㄱㄴ (2) 직선 ㄷㄹ

퀴즈4 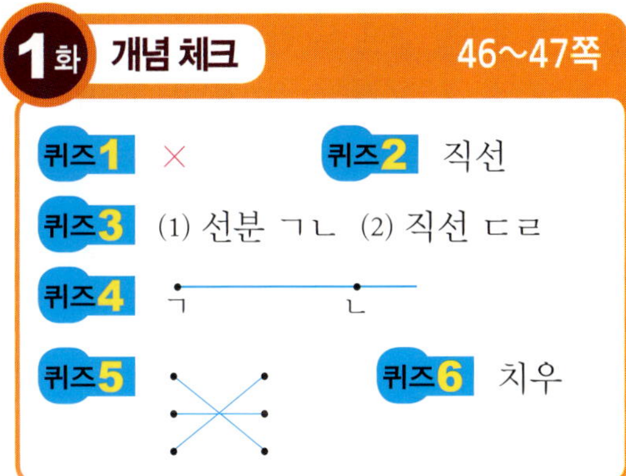

퀴즈5 **퀴즈6** 치우

퀴즈1

화살이 날아간 자리는 반직선입니다.

퀴즈2

양쪽으로 끝없이 늘인 곧은 선을 직선이라고 합니다.

퀴즈6

유비: 선분은 두 점을 곧게 이은 선입니다.

2화 개념 체크 86~87쪽

퀴즈1 (　　)(○)(　　)

퀴즈2 직각삼각형 **퀴즈3** 가

퀴즈4 예

퀴즈5 치우 **퀴즈6** 3개

퀴즈1

각은 한 점에서 그은 두 반직선으로 이루어진 도형입니다.

퀴즈3

직사각형은 네 각이 모두 직각인 사각형입니다. ⇨ 가

퀴즈5

정사각형은 네 각이 모두 직각이고 네 변의 길이가 모두 같은 사각형입니다.

3화 개념 체크 128~129쪽

퀴즈1 변하지 않습니다에 ○표

퀴즈2

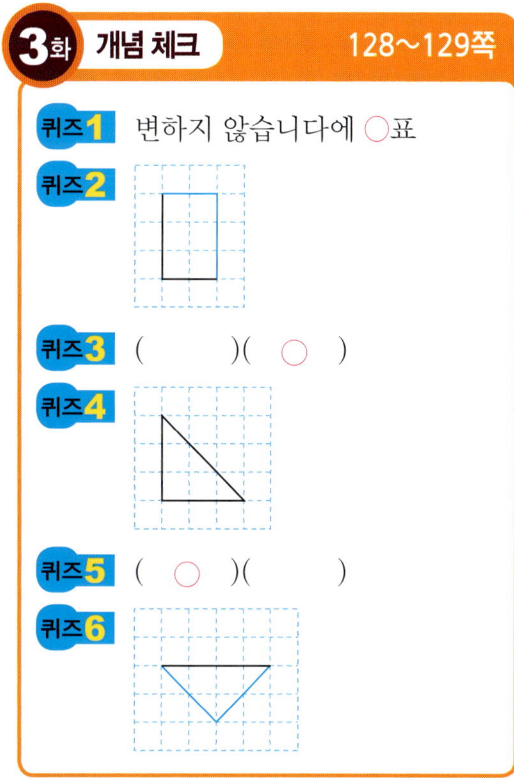

퀴즈3 (　　)(○)

퀴즈4

퀴즈5 (○)(　　)

퀴즈6

퀴즈2

도형을 왼쪽으로 밀어도 크기와 모양은 변하지 않습니다.

퀴즈3

화살표의 왼쪽과 오른쪽의 위치가 바뀐 것을 찾습니다.

스토리텔링 문제   130~137쪽

1 가, 다 / 나, 라   **2** 선분
3 직선   **4** 3개
5 나   **6** 초선
7 (○)( )
8 다   **9** 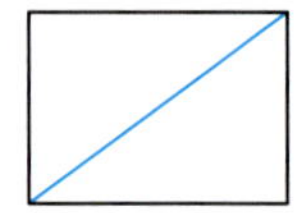
10 ○   **11** ×
12
13 ○   **14** ×
15
16
17

1 곧은 선은 쭉 뻗은 선으로 가, 다이고 굽은 선은 구부러진 선으로 나, 라입니다.

2 두 점을 곧게 이은 선을 선분이라고 합니다.

3 양쪽으로 끝없이 늘인 곧은 선을 직선이라고 합니다.

4 한 점에서 한쪽으로 끝없이 늘인 곧은 선을 반직선이라고 합니다.
반직선을 찾으면 모두 3개입니다.

5 두 점을 곧게 이은 선은 나입니다.

6 한 점에서 그은 두 반직선으로 이루어진 도형을 그린 사람은 초선입니다.

8 한 각이 직각인 삼각형 모양인 것을 찾으면 다입니다.

9 한 각이 직각이 되도록 삼각형을 그립니다.

10 직사각형은 네 각이 모두 직각인 사각형입니다.

11 직사각형은 마주 보는 두 변의 길이가 같고 평행합니다.

12 다음과 같이 그릴 수도 있습니다.

13 정사각형은 네 변의 길이가 모두 같고 네 각이 모두 직각인 사각형입니다.

14 정사각형은 네 각이 직각이므로 직사각형이라고 할 수 있습니다.

수학 지식의 백과사전   134~135쪽

1 예 직사각형, 정사각형에 ○표
2 예 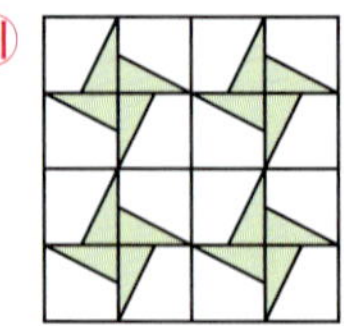